上野
UENO

絶滅
THE ZOO OF EXTINCT ANIMALS

動物園

企画・制作／絶滅動物園プロジェクト
文章／佐々木シュウジ
写真／武藤健二
発行／三恵社

僕たちは絶滅する。

僕たちが絶滅したその先のことは、

僕たちには考えることができない。

それができるのは人間だけなのだから。

僕たちの棲むこの地球が誕生したのが今から約46億年前。そして最初の生物が誕生したのが約38億年前と言われる。その生物の歴史の中で、地球は"ビッグファイブ"と呼ばれる大絶滅期があった。それは、オルドビス紀末(約4億4400万年前)、デボン紀後期(約3億7400万年前)、ペルム紀末(約2億5100万年前)、三畳紀末(約1億9960万年前)、白亜紀末(約6550万年前)の5回である。ペルム紀末には三葉虫の全種が絶滅し、白亜紀末には恐竜のほとんどが絶滅したことでも知られている。5回の大絶滅期は、理由は一つ一つ違いこそすれ、火山活動や巨大隕石の墜落などにより地球が影響を受け、大気や海の温度が著しく上がったり下がったりする中で耐性のない生物が絶滅していった、言わば地球自体の活動によるものである。

現在は、6回目の大絶滅期真っただ中と言われる。15世紀末から始まったとされるこの大絶滅期は、そのほとんどが、拡がり・増え続ける「人間」が原因となっている。それも前述の5回の大絶滅期よりも圧倒的なスピードと量で仲間たちが絶滅している。基本的に人間以外の生物は棲む環境を変えることはできない。人間が棲む環境を壊し続ければ、僕たち動物がいなくなるのは自明の理。人間はこれからも壊し続けるのか？壊した先には何があるのか？はたまた環境を取り戻すことができるのか？

いずれにしてもそれができるのも人間だけなのだということを肝に銘じなければならない。

絶滅

THE ZOO OF EXTINCT ANIMALS

動物園

全てが絶滅危惧種

ある人気動物園では、2018年の人気動物アンケート結果ベスト10のうち、なんと10種全てが絶滅危惧種という結果になった。

ゾウやキリン、ゴリラにチンパンジー、ホッキョクグマにライオンといった昔から人気のある動物は、ほぼ絶滅危惧種と言っても過言ではない。これが現実。ネタバレになるが、この写真集にも上述した動物たちは登場する。これは何を意味するのか？私たち大人が動物園にいて「当然」と思っている動物たちが、子どもたちが大人になる頃には違うかもしれない。例えば動物園ではゴリラを見ることができなくなり、檻からトラが消えてしまうかもしれない。それが動物園だけならまだしも、「自然界からホッキョクグマ最後の個体が死亡しました」というニュースをメディアから知ることになるかもしれない。

世界中の動物園関係者、そして環境保全に従事している人たちは、そうならないように努力しているとはいえ、そうならないとも限らないのが現実なのだ。

私たち大人が生きた時代は、パンダが来日し、ゴリラやチンパンジーが愛らしい姿を、ライオンやトラが雄々しい姿を見せ、ゾウやキリンが動物の神秘や魅力をふんだんに振りまいてくれた。

しかしこれからの子どもたちが生きる時代はその逆。

どんどん動物たちが見られなくなり遠くなっていく時代。

加えて地球がどんどん壊れていく時代に生きなくてはいけない。

動物たちに思いを馳せることは、私たちの暮らしそのものや地球のことを考えることにつながる。

「全てが絶滅危惧種」というキャッチコピーにひるむことなく、ぜひ動物たちの声なき声に耳を傾けて欲しいと思う。

子どもたちの未来のためにも。

この写真集の見方

絶滅動物園の写真集としてはこの『上野絶滅動物園』は2冊目となります。最初は私の地元・名古屋にある東山動植物園を舞台にした『東山絶滅動物園』を2016年に発行させていただきました。

この写真集は読者のみなさんから褒めていただくことが幸いにしてあるのですが、一方で「写真は綺麗だけど少し難しい。だから子ども向けじゃないね。」と言われることが多いのです。

でも私はいつも次のように言います。

「子どもは子どもの目線で『この動物が可愛い、カッコいい』ときちんと見てくれるようです。ですから、その時そばにいる親や大人が子どもの年齢や理解力に合わせて、それらの動物たちが抱えている事情を聞かせてあげてほしいのです。」と。

そうすることで、子どもたちがもう一歩、動物たちへの興味が増し、自然に対する考えが深くなる。そして動物たちに優しくなり、子どもは子どもなりに動物たちがいなくなっていくことをどうすればいいのかと、考えるようです。

実際に

「今までは動物園にきても遊具や食べることに夢中になってしまっていた子どもが、写真集片手に『今日はこの動物たちを全部見て回るよ』と言って全て回ったんです。ヘトヘトになりましたが、とても嬉しかったです。」と伺いました。

子どもたちにもきっと伝わります。

ぜひ、大人のみなさん、フォローしてあげてください。

きっと動物園に行った時の彼らの視線が、少し優しくなっていることに気づくはずです。

INDEX

※この写真集の学名およびレッドリスト評価はIUCNの『The IUCN Red List of Threatened Species』に準拠しております。しかし、上野動物園において学名は「Mammal Species of the World」に、鳥綱は「IOC World Bird List」に、爬虫綱・両生綱については「THE REPTILE DATABASE」および「AmphibiaWeb」に、魚綱については「Fishes of the world」に準拠し、便宜上「魚綱 Pisces」を参照しているため、上野動物園での表記と違う部分もございますこと、予めご了承ください。
また、個体の紹介ページにおける「生息地」の表記については、『国連による世界地理区分』における小地域分類に基づいております。予めご了承ください。

より良い地球環境を、あなたとともに。

ブラザーグループは「Brother Earth」という環境活動のスローガンのもと、すべての事業領域における環境負荷低減および、世界各地での環境保全活動を行っています。

タイではマングローブ林再生活動、オーストラリアではマンタの生態調査、スロバキアや日本では植樹による森林再生など。世界中のブラザー従業員が地域社会と連携・共同し、各地の環境保全活動に積極的に取り組んでいます。

創業から100余年。次の100年もこの地球で歩み続けるために、ブラザーは地球環境への意識をさらに高めていきます。

Brother Earth
www.brotherearth.com

brother
at your side

ブラザーは「上野絶滅動物園フォトブック」の制作を支援しています。

わずか27年の生きた証

15世紀末から始まった大航海時代は17世紀半ばになると一応の収束を見せ、18世紀に入ると今度は手つかずだった北の海にその興味は移った。

中でも有名なのはベーリング率いるロシアのカムチャッカ探検隊。しかし、彼らは2回目の航海で不運に見舞われる。長い航海で体調を崩す航海士が多い中、1741年、船は嵐に見舞われ難破する。そして偶然辿り着いたのが、現在でも絶海の孤島の一つになぞらえられるベーリング島であった。ベーリングは体調が戻らずに死亡。船は壊れ、食糧も無い。希望の灯が消えかけた状況の中、海の彼方を見やると、大海原に10頭規模でただ浮いている大きな動物を発見する。

ベーリング亡き後、隊をまとめた医師で博物学者のシュテラーは「あの大きな動物の1頭でも捕まえることができたら」と考える。シュテラーたちは舟をこしらえ、ありったけの銛を持ち彼らに近づいていく。天敵がいないため大人しくしているカイギュウたちに次から次へと銛を打ち込んでいった。カイギュウたちはきっと「痛いよ痛いよ」と哭いたはず。そして元気で大きな個体は傷ついた仲間を守るために囲むように守ったと言われている。しかしこの優しさが仇となり、カイギュウたちは次から次へと放たれた銛の犠牲になった。そして捕えられたカイギュウたちはさばかれて、肉は食用に、脂は燃料に、皮は衣服や帆の材料に、骨は船の補強に使われたと言う。その結果シュテラーたちは無事に母国に戻ることができ、北の海の地勢を報告する中で、大海獣ステラーカイギュウのことも広く人々が知ることに…。

すると利にさとい商人たちがこぞって大海獣の肉・皮・脂を求めて北の海に出かけ、徹底的に狩り尽くし、1768年の捕獲記録が最後となった。1741年に発見されて27年後の1768年に絶滅。

北の海に生きた大海獣の、わずか27年の生きた証‥‥‥。

ステラーカイギュウ

Hydrodamalis gigas
ジュゴン目ダイカイギュウ科
Red List Category／EX（絶滅）
EX：1768

REDLIST

1948年に創設された国際自然保護連合（IUCN／International Union for Conservation of Nature）は、約1,200の組織（200を超える政府・機関、900を超える非政府機関）が会員となり、世界160カ国から約11,000人の科学者・専門家が、世界規模で協力関係を築いている世界最大の自然保護機関。継続的に動植物の生息調査をしている機関や専門家と協力して危機的状況を評価し、定期的にそのレポートを発表している。また、各国の政府組織や自治体でも、当該地域で絶滅のおそれのある野生生物種についても同様の調査・評価を行っている。

そこで用いられるのが、動植物の保全状況を示すカテゴリー（分類）である。

2018年現在、右の図にあるように分類されており、中でも"絶滅危惧種"と呼ばれるものは【CR：深刻な危機】【EN：危機】【VU：危急】の3カテゴリーを指す。

いずれにしてもこの3カテゴリーは、現在の状態が続くと絶滅に向けたプロセスにあるということを意味し、動物園でもこのカテゴリーを併記しながら動物を紹介しているところも増えてきているので、ぜひ知っておいてほしい。

レッドリスト・カテゴリー

EX	**Extinct** ／ 絶滅
EW	**Extinct in the Wild** ／ 野生絶滅
CR	**Critically Endangered** ／ 深刻な危機
EN	**Endangered** ／ 危機
VU	**Vulnerable** ／ 危急
NT	**Near Threatened** ／ 準絶滅危惧
LC	**Least Concern** ／ 低懸念
DD	**Data Deficient** ／ データ不足
NE	**Not Evaluated** ／ 未評価

この3つがいわゆる絶滅危惧種

高まる絶滅リスク

注目して欲しいのは【DD：データ不足】【NE：未評価】。これは絶滅のリスク評価が何らかの理由でなされなかっただけで、きちんとした評価が行われるまで、これらのカテゴリーの種について【非絶滅危惧種】として扱ってはならないということを表している。

レッドリストの評価方法

CR、EN、VUの判断基準の一覧表（定量的な基準）

評価基準／カテゴリー	CR ／ 深刻な危機	EN ／ 危機	VU ／ 危急
	過去10年間あるいは3世代（そのどちらか長い方）の間		
①個体群	90% 以上	70% 以上	50% 以上
②出現範囲	100km² 未満	50,000km² 未満	20,000km² 未満
③成熟個体数	250 未満	2,500 未満	20,000 未満
④絶滅確率	50% 以上 10年あるいは3世代 そのどちらか長い方、最長100年まで	20% 以上 20年あるいは5世代 そのどちらか長い方、最長100年まで	10% 以上 100年以内に

上表は、評価基準の抜粋であり、大まかな目安に過ぎません。また③成熟個体数の表記は分かりやすくするため2つの基準をまとめて表記しております。IUCNでは、地球上で調査・観測をしている各団体と連携し、集まった情報から総合的に評価しています。よって上記の表以外にも細かな視点が判断基準として用意されていますし、この写真集で紹介している情報以外にも多面的な情報をもとに分類評価されていることを予めご了承ください。

※詳しくは、REDLISTのホームページ（https://www.iucnredlist.org/）にて学名検索すると種ごとの詳細を見ることができます。

レッドリストを分類評価をする上では、多くの情報をもとに総合的な評価がなされている。

その中でも指針となる評価基準が左表で紹介している4つの基準。

概要を知るためにも、それぞれの言葉の意味するところを説明する。

① 個体群 ／ population

レッドリストの中で個体群という言葉は特別なものとして考えられている。˝哺乳類˝˝爬虫類˝などの分類群に属する個体の全数のことを言い、それも成熟した個体のみがカウントされる。個体群の縮小の割合が大きいほどより危機的と評価されるのだ。

② 出現範囲 ／ extent of occurrence

ある分類群の個体が分布していると推測されている場所を、包含するように囲んだ仮想的な範囲のことを言います。右図によるところの線で囲んだ範囲が、出現範囲ということになります。左表にあるCR（深刻な危機）の種が100k㎡未満という数字が、身近な場所に置き換えて考えてみるといかに狭いかがわかるはず。

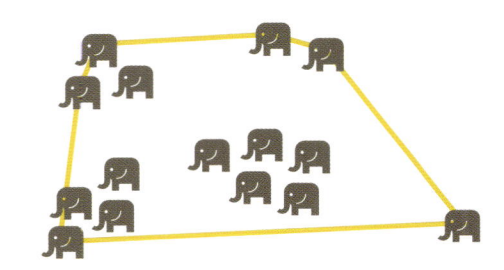

③ 成熟個体数 ／ the number of mature individuals

成熟個体とは繁殖可能であると知られているか、あるいは推定・推量された個体のことを言う。種・子孫を残すということを前提に考えているので、成体の性比が偏っている場合は成熟個体数の少ない方の推定値が用いられる。

④ 絶滅確率 ／ quantitative analysis

この絶滅確率は、その種の生活史、生息環境の要件、また迫り来る脅威など、分類群の絶滅確率を推測するためのあらゆる情報に基づき評価される。
しかし、確率が高いからと言ってもそれは指標に過ぎないので、私たちは種を保全するためにも状況を注視し、あらゆる努力をしなくてはならない。

私たち人間が
動物たちを追いつめていることを
知っていますか？

私たち人間が
動物たちを死に追いやっていることを
知っていますか？

私たち人間が
より良い暮らしを目指す一方で、
動物たちは生きづらくなっていることを
知っていますか？

私たち人間が・・・
なのです。
そのことを知ってほしい。

絶滅への要因

01 生息地の破壊・消失

02 汚染

03 地球環境の変化

04 人間の趣味・嗜好

05 外来種

06 その他

この項目で紹介する絶滅への要因は、個体数を減らす脅威となる理由としてよく言われる要素を代表例としてピックアップしたもの。しかし、これらの要因以外にも減少させる理由は多岐にわたる。またこの写真集では動物に限って紹介しているが、植物や昆虫など地球上の生物は動物たちと同じく減少傾向にあり、その理由も多数存在するということは肝に命じておかなくてはならない。

人間がこれから地球に対してどのように振る舞わなくてはいけないのか・・・。考えなければいけないタイミングにきていることだけは確かなようだ。

生息地の破壊・消失

動物が減少しているほとんどの原因は、「生息地の破壊・消失」にあるといっても過言ではない。中でも東南アジア、アフリカ、アマゾンの森林の消失は代表的な例とも言え、その森に依存して暮らしている動物たちが森林の減少に同調し個体数を減らしているというのが実情だ。

WWFによれば、オランウータンが生息する東南アジアの森林は80%が失われたと言う。森林が切り刻まれ、生息環境が分断される理由は、木材をとるための商業的な伐採と、主に植物油脂の原料となるパームヤシやゴムなどの植林（プランテーション）のためである。この100年の間にオランウータンの個体数は80%も減少した。

例えば種の10%が生息していると言われる南米アマゾンの森林。ここには2016年現在、250以上のダム建設プロジェクト、20以上の巨大道路建設プロジェクトが進行しており、2030年までにアマゾンの熱帯雨林が最大60%消失すると予測されている。その他牧場に転換される場合も多く、多くの生物が暮らすこの森自体が危機に瀕している、果たして50年先アマゾンの森はこの地球に存在しているのだろうか？いずれも、人間が利益を得るため、暮らしをより良いものにするため自然を利己的に欲しいままにしているのだ。

生態系という言葉がある。それぞれの生物が関連し合いながら一つの自然を構成しているというものだが、人間が自然を壊し続ければいずれは人間にその負の循環が押し寄せてくるということを考えなくてはならない。

汚染

人間が経済活動をする中で地球を汚してしまうこと。ワードとしてはいろいろある。工場排水・生活排水による河川の汚染、海の汚染。大気汚染、酸性雨、農薬や化学肥料などだ。最近では海に浮遊するゴミや、マイクロプラスチックといったワードもよくインターネットやメディアで目にする機会も多い。

例えば川。生活排水や工場排水などにより汚れるという話は昔の日本でもよく聞いた。最近になってやっといろいろな反省から浄化の試みが功を奏し、綺麗さを取り戻していることが多い。しかし、中国やインド、さらにはアフリカの諸外国のように発展を続ける国々では、環境問題がおざなりになる場合も多い。川に生きる生物のことを考えてみて欲しい。川に生きる者たちは陸に上がることもできず、かといって海に出ることもできない。汚れた川の中で苦しみながら生きていかなければならないのだ。人気者のコツメカワウソや、最近では観測事例がほとんどないヨウスコウカワイルカなどがその例とも言える。また、ただ汚いというだけでなく、排水とともに流される重金属・農薬・化学肥料・人工化合物は自然の中に入っても代謝され

ない。分解もされず体内に蓄積され、食物連鎖の中で、魚類はもとより前述のカワウソ類や猛禽類など水辺の肉食動物が、体内に化学物質を蓄積し死にいたるというケースも少なくない。

それから海で問題となっているのは、浮遊ゴミやマイクロプラスチックなどだ。よくネットでビニールが甲羅に巻き付いたまま成長してしまい、いびつな甲羅のまま苦しそうに海を泳いでいるウミガメの写真や、魚やアザラシなどの体内から大量のマイクロプラスチックが出てくるというような記事を読むことも多い。いずれにしても川や海。私たちの目の届かないところの動物たちも苦しんでいるということには間違いがない。

自然のことを考える時、見えないところへの想像力も忘れてはならない。

地球環境の変化

二酸化炭素などの温室効果ガスが増えることで起こる地球温暖化も含む、気候変動という現象。この地球温暖化がもたらすさまざまな地球の変化が動物たちの生活環境を奪い、ひいては人間も苦しめていく。WMO（世界気象機関）の発表では、産業革命を起点としたとき、2050年には2度、今世紀末には4度、平均気温が上昇すると予測されている。

この気温の上昇はさまざまなことを引き起こす。

例えば

1）熱暑やそれに伴う洪水・水害などによる生息地への直接的な被害

2）海水温の上昇による、海洋環境の変化

3）干ばつなどが多発し利用可能な水が極端に減る

4）総合して生物多様性へのリスク

などが挙げられる。

1）は生息環境に直接的に打撃を与える。サンゴの白化や北極海の氷や氷床が溶けることなどは2）の顕著な例である。サンゴが白化（サンゴが死ぬこと）するとそこに依存して生息しているさまざまな生物も行き場を失う。また北極海の氷が溶ければホッキョクグ

マなどは大地が無くなることと一緒であるからホッキョクグマがいなくなるかもしれないというのは考えたくないが事実なのだ。あるデータでは今後40年で30％個体数が減るとも言われている。ホッキョクグマを守るという前に、地球温暖化をどうにかしないといけないという問題である。

3）は干ばつによる火災が発生し、環境を傷つけることにつながる。また水が枯渇しそこに棲む動物たちは移動するか餓死するしかないのだ。人間に置き換えれば、住める環境ではなくなり移民となることに近い。

4）については温暖化が進むことによって環境が変わっていく。するとそこにあった自然自体が機能しなくなることもありうるのだ。植物、動物全てを巻き込んで生物多様性や生命のサイクルが壊れるのである。

人間の趣味・嗜好

これは人間が生きるための経済活動というよりも、単なる趣味・嗜好に基づいて動物たちを利用していることを言う。

例えば有名なもので言えば、象牙、サイの角、漢方薬、毛皮、ペットなどがある。象牙はその字の通りゾウの牙のこと。大きな動物である象を射殺しえぐるように牙をとる。アフリカゾウは今でも年間約20,000頭が象牙目的の密猟の餌食になっている。ちなみに、象牙を商業目的で扱ってきた経済大国、例えば、米国、フランス、中国が国内市場の閉鎖に向けて動く中で、日本だけはその潮流からはずれ、国内市場を維持しているということを、日本人として知っておいた方が良い。またサイの角はそのほとんどが漢方薬として高値で売買されている。これもゾウ同様の殺され方をする。しかし、漢方薬のホームページなどを見ると、犀角・熊胆・海馬などが未だに紹介されているのはいかがなものか。アジアでトラやユキヒョウなど大型のネコ科の動物が殺される理由も毛皮目的と並行して肝を漢方として売りたいがためということもある。

それからペットはオランウータンなどが適例だ。ジャングルの中を単独もしくは母子で行動するオランウータンは、ジャングルの伐採によって見つかってしまう。その際子どもがペット市場で人気があるために母親は殺されるのだ。棲む森がなくなることに加えてペット目的に殺されてしまう。日本にも人気のコツメカワウソを筆頭に絶滅危惧種を飼っている人がいる。絶滅危惧種を飼うということ自体の道理はどこにあるのか、私にはわからない。

欲する人がいる限り現地の人はとってしまうだろう。裕福な人たちこそ地球や自然に目を向けて「持つ」ことをやめないと、希少動物市場は無くならない。

そう言えば最近よく話題になるもので「トロフィーハンティング」というものがある。お金を払ってライオンやキリンなどを撃つ遊びのことだが、その成果を自慢げにSNSにアップし結果大炎上している。それもアメリカのセレブに多いことに驚く。古く日本人は自然を畏怖し敬ってきた。しかしいまや日本はアメリカに次ぐ希少（絶滅危惧という意味ではない）動物市場となっている。この嘆かわしい事実を知ってあなたはどう思う？

外来種

島民たちを悩ませていたハブを退治するために、動物学者のかけ声一つで、1910年沖縄島に導入されたマングース。沖縄導入の悪影響を検討せず、69年後の1979年奄美大島に数十頭放たれた。当然ハブを捕食することなく、奄美大島の固有種であるアマミノクロウサギやアマミイシカワガエルなどを捕食していたことがわかった。今ではマングースは外来生物法の「特定外来生物」に指定されている。要するに固有の生態系を壊す生物であるということ。日本では都心部にも現れるアライグマ、キョン、ヌートリア、池の水を抜くと出てくることがあるカミツキガメにブルーギルやブラックバスといった魚類も有名だ。

動物や植物は、その土地・風土の中で長い年月をかけてそれぞれが関連し合いながら適応してきた。しかし、人によって運ばれてくる外来生物はもとの自然を壊していき、元来そこにあった生態サイクルを壊すものになる。

ある環境機関の識者は言う。「外来種とは、人間の手によってもともと生息していた場所から別の場所に移された生物なのだ。」と。人間が気をつけ思いを巡らせることで防げるはずなのだ。

しかし、「絶滅の要因 03」で述べた地球が温暖化してくると、今までいなかった生物たちがやってくるかもしれない。ここでも外来種の問題にとどまらず、問題点は複層的に絡み合うのだ。

その他

その他の要因として、例えば生体実験というものがある。有名なのはチンパンジーである。人間に近いという理由だけで、森で捕らえられたチンパンジーは製薬会社や研究機関の檻の中に入れられる。毎日投薬実験が行われ、あるものは途中で新薬の犠牲になり、あるものは何十年という月日を太陽も見ることなく、草や土を踏むこともなく生涯を終える。最近では道徳的な見地でこのような生体実験をチンパンジーでしていることはほとんどなくなっているが、私たちの健康というものが動物たちの犠牲の上で成り立っている部分もあることを知っておかねばならない。

国連経済社会局の発表によれば、地球の人口は紀元後1年は約3億人。大航海時代が始まった1500年には約5億人だったという。1500年で2億人増えたことになる。しかし産業革命が始まった18世紀半ばには約8億人、今から100年前の1920年には18.6億人となった。1920年かけて15億人強増えたことになる。しかし、現在2020年の見込みは77億人弱、2050年には92億人弱となる。

この100年で約59億人、これからの30年で15億人も増えることになる。この人間という種が一人勝ちのように自然そして地球までも欲しいままにしていくことが動物を絶滅に近づけているだけでなく、翻って私たち人間の暮らし・生命そのものを脅かしていくということに気づかなくてはならない。

先にも述べたが環境を変えられるのは人間だけなのだ。動物たちがそれぞれもつ背景に思いを巡らせ、日々の暮らしを考え、あらゆる選択を変えていくことが隣人たちを守り、私たちも守ることに繋がるのではないかと思う。

CR

Critically Endangered ／ 深刻な危機

ニシゴリラ

Gorilla gorilla ssp. gorilla

霊長目ヒト科
Red List Category／CR（深刻な危機）
Date Assessed／2016-01-29
生息地／コンゴなど中部アフリカの6カ国

ニシゴリラの減少理由には、エボラウイルス
による大量死であったり、レアメタル採掘の
ための鉱山開発などによる生息環境の消失
なども挙げられる。まさに現代社会を象徴す
るような原因で個体数を減らしている。

スマトラトラ

Panthera tigris ssp. Sumatrae
食肉目ネコ科
Red List Category／CR（深刻な危機）
Date Assessed／2008-06-30
生息地／スマトラ島（インドネシア）

20世紀初頭、地球上には9種のトラがいた。しかし3種が絶滅し、現在はこのスマトラトラを含めて6種が生息するのみ。トラ全体でこの100年で95％も個体数を減らし、現在はおよそ4,000頭。中でもスマトラトラは500頭前後が生息するのみである。

ヒガシクロサイ

Diceros bicornis ssp. michaeli

奇蹄目サイ科

Red List Category／CR（深刻な危機）

Date Assessed／2011-08-05

生息地／ケニアなど東アフリカの5カ国

過去3世代で90％以上も個体数が減少し、現在およそ740頭。3種いるクロサイの中では最も希少な種である。クロサイ全体では、1960年以降推定97.6％も減少した。この急激な減少は、角目当ての密猟によるもの以外、何ものでもない。

クロシロエリマキキツネザル

Varecia variegate
霊長目キツネザル科
Red List Category／CR（深刻な危機）
Date Assessed／2012-07-11
生息地／マダガスカル

農業・鉱業・伐採などによる生息地の破壊・消失、また密猟などにより、種の3世代（21年）の間に個体数がおよそ80％も減少している。この負の流れは、まだ止まらない。

The African continent

Madagasikara

左から クロキツネザル（VU）
クロシロエリマキキツネザル（CR）
ワオキツネザル（EN）
ハイイロジェントルキツネザル（VU）

アフリカ大陸の南東海岸部から沖へ約40km離れた西インド洋に浮かぶ大きな島、それがマダガスカル島である。周辺の島々を併せてマダガスカル共和国を構成している。
世界で4番目に大きな島「マダガスカル島」は、古くにアフリカ大陸から分離したと言われ、オーストラリアなどとともに独特の生態系を育んでいる。その中でも動物園でも人気のキツネザルはこのマダガスカル島にのみ自然分布している珍しい種。しかし、そのキツネザルの多くが絶滅の危機に瀕している。IUCNの報告では、マダガスカル島に生息する全111種のキツネザルおよび亜種の中で、105種が絶滅の危機に陥っているそうで、その割合はなんと約95％。可愛い顔のその奥に、種を絶やさまいとするいのちの灯火が見える。

ワタボウシタマリン

Saguinus Oedipus
霊長目オマキザル科
Red List Category／CR(深刻な危機)
Date Assessed／2008-07-01
生息地／コロンビア

頭部に生えた白い綿のようなふさふさとした
毛が特徴的なワタボウシタマリン。まるで歌
舞伎の演し物（だしもの）連獅子のよう。こ
の特徴的な動物も3世代の18年でおよそ
80%も個体数を減らしている。主な原因は農
業やインフラ整備に伴う生息地の破壊。

フサオネズミカンガルー

Bettongia penicillata
カンガルー目ネズミカンガルー科
Red List Category／CR（深刻な危機）
Date Assessed／2012-12-31
生息地／オーストラリア

オーストラリアの固有種で、かつては乾燥したエリアの大半に生息していた夜行性動物。ヨーロッパ人の入植とともに導入されたアカギツネに捕食されたことなどで数を減らしたという。

ホウシャガメ

Astrochelys radiata

カメ目リクガメ科
Red List Category／CR（深刻な危機）
Date Assessed／2008-01-15
生息地／マダガスカル

甲羅の隆起の頂上から放射状に伸びたストライプが幾何学的な模様を描くホウシャガメ。マダガスカル島の南部において、以前はよく見かけられたこの島を象徴するようなカメだったが、今は数を減らし、その影もない。

メキシコサラマンダー

Ambystoma mexicanum
有尾目トラフサンショウウオ科
Red List Category／CR（深刻な危機）
Date Assessed／2008-11-11
生息地／メキシコ

1980年に大流行した"ウーパールーパー"
の呼び名で知られるメキシコサラマンダー
は絶滅の危機にある。生息エリアが10㎢も
なく、また個体ごとが特定の場所に集まっ
て生息しているため、天災や事故などにより
一瞬のうちに絶滅してしまうリスクを抱えて
いるのだ。

コシジロハゲワシ

Gyps africanus

タカ目タカ科
Red List Category／CR（深刻な危機）
Date Assessed／2016-10-01
生息地／アフリカ

個体数は27万羽とも言われるが、急速にその数を減らしている。特に西アフリカ地域での個体数の変化はこの種の3世代（55年）の間におよそ90%減少したという。

コサンケイ

Lophura edwardsi
キジ目キジ科
Red List Category／CR（深刻な危機）
Date Assessed／2016-10-01
生息地／ベトナム

キジの仲間でベトナム中部の固有種である。
コサンケイは2,000年を最後に確実な目撃
記録が無く"野生では絶滅したのではない
か"と囁かれている。
コサンケイは、自然界での発見を期待する一
方で、動物園などの施設でいかに種を保全
するのかというのがもう一つの課題でもあ
り、目標でもある。

コキサカオウム（コバタン）

Cacatua sulphurea

オウム目オウム科
Red List Category／CR（深刻な危機）
Date Assessed／2017-10-01
生息地／インドネシア、東ティモール

頭頂部から前方に反り返るように生えてい
る冠羽が愛らしい。これはこのコキサカオウ
ムが属するコバタンというオウムの大きな特
徴の一つ。しかし可愛らしいこの鳥も、過剰
な狩猟によって数を減らしている。

ホオアカトキ

Geronticus eremita
ペリカン目トキ科
Red List Category／CR（深刻な危機）
Date Assessed／2016-10-01
生息地／アルジェリア、エリトリア、ヨルダン
モロッコ、サウジアラビア、シリア、イエメン

成熟した個体数が200羽〜249羽ととても少
なく、しかもそのうちの95％がモロッコの一
つの個体群に偏っているということも、これ
からの絶滅が危惧される材料の一つ。生息
エリアが狭いということは、天災や紛争など
が起こることで一気に消滅してしまう可能性
があることを意味するからだ。

レッドリストと環境省レッドリスト

この写真集はIUCN（国際自然保護連合）が発表するレッドリストをもとに絶滅危惧種を紹介しているが、日本にも日本の固有種の保全状況を評価する環境省レッドリストというものがある。

例えば、右絵で紹介しているトキは学名を *Nipponia nippon*（ニッポニアニッポン）と言い、古くは『日本書紀』や『万葉集』にも登場する日本を象徴する鳥として知られている。

このトキはIUCNのレッドリストではEN（危機）だが、環境省レッドリストではEW（野生絶滅）という評価になる。

環境省レッドリスト上では、日本に生息する野生個体はすでに2,000年代に絶滅してしまったため野生絶滅（EW：Extinct in the Wild）とした。しかし地球規模で見ると、中国でまだ生息が確認されているため絶滅危惧種ではあるもののEN（危機）という評価になっている。

またツシマヤマネコはIUCNのレッドリストでは評価対象になっていないが、環境省レッドリストではCR（絶滅危惧ⅠA類）と評価され絶滅に瀕している。

IUCNのみで地球上の全ての種を評価することは難しい。だからこそ、日本が日本の固有種を独自に調査・評価し、国際的な機関との連携をとりながら種の保全に取り組むことが求められているのだ。

© Fauna Japonica

EN

Endangered ／ 危機

アイアイ

Daubentonia madagascariensis
霊長目アイアイ科
Red List Category／EN(危機)
Date Assessed／2012-07-11
生息地／マダガスカル

世界で約40頭しか飼育されておらず、日本では上野動物園でしか見ることのできない貴重な動物。特徴的なのはとても細くて長い前足の中指。この中指を使ってエサとなる果物の中の実や、木の中にいる幼虫をかき出して食べるのだ。

インドライオン

Panthera leo ssp. persica
食肉目ネコ科
Red List Category／EN（危機）
Date Assessed／2008-06-30
生息地／インド

通常アフリカのサバンナにいることを想像されるライオン。それはアフリカライオンで、このインドライオンはインドの森や林の中に生息する。ゆえに上野動物園での展示も森の中をイメージしているのかもしれない。現在地球上にはおよそ350頭。しかし密猟の魔の手が彼らにも迫っていると言う。

アジアゾウ

Elephas maximus

長鼻目ゾウ科
Red List Category／EN（危機）
Date Assessed／2008-06-30
生息地／インドやインドネシアなど
東南アジア

アジアゾウは、オス・メス共に牙のあるアフリカゾウと違い、メスと一部のオスには牙がない。ゾウは象牙目的の密猟の餌食になることが多く、標的がオスに限られるアジアゾウにとっては、オス・メスの比率を大きく歪める原因になっている。このことは種の維持から見ても大きな問題と言える。

オカピ

Okapia johnstoni
鯨偶蹄目キリン科
Red List Category／EN（危機）
Date Assessed／2015-07-25
生息地／コンゴ

キリンのような、シマウマのような…。ベルベッドのような茶色の毛並みと独特な縞模様が美しいオカピは20世紀に入って発見された動物。しかしオカピの生息環境が反政府武装組織の拠点と競合しているため、保護することもままならない。国家の政治不安が動物たちを追いつめる一つの例と言える。

コビトカバ

Choeropsis liberiensis
鯨偶蹄目カバ科
Red List Category／EN（危機）
Date Assessed／2015-02-23
生息地／西アフリカの4カ国

コビトカバは、コートジボワール、ギニア、リ
ベリア、シエラレオネの比較的低地の沼や川
のある森に生息する。しかし生息する4カ国
で法的に保護されているが、種の保護のノウ
ハウや財政面が不足しており、これを補って
いくことがコビトカバを救うために先ずすべ
きことと言える。

ジェフロイクモザル

Ateles geoffroyi
霊長目クモザル科
Red List Category／EN（危機）
Date Assessed／2008/6/30
生息地／ベリーズ、コロンビア、コスタリカ
エルサルバドル、グアテマラ、ホンジュラス
メキシコ、ニカラグア、パナマ

ラテンアメリカ、カリブ海地域に棲むジェフ
ロイクモザルの特徴は「第5の手」とも言われ
る尾。尾の先の裏側には毛が無く、鋭い感覚
を有する皮膚が露出している。この尾を器用
に使って移動する。なお、この「第5の手」であ
る尾の先の皮膚の部分には指紋ならぬ尾紋
（びもん）があるそう。

シロテテナガザル

Hylobates lar
霊長目テナガザル科
Red List Category／EN（危機）
Date Assessed／2008-06-30
生息地／中国、インドネシア、ラオス
マレーシア、ミャンマー、タイ

全体的に茶褐色や黒に近い体毛で覆われて
いるが、顔と手足の先が白いのでこの名前が
ついている。よく知られているテナガザルの
特徴として、一夫一婦として生涯オスとメス
が添い遂げるということ。それを知ってから
見てみるとなんとも微笑ましく感じるはず。

ワオキツネザル

Lemur catta
霊長目キツネザル科
Red List Category／EN（危機）
Date Assessed／2012-07-12
生息地／マダガスカル

ワオキツネザルは十数頭のコミュニティ単位
で生活をする。上野動物園では不忍池にある
バオバブの木を模した木の洞（うろ）にみんな
で集っている。特に寒い日は、太陽に向かっ
て四肢を広げてお腹を見せながら日光浴し
ている光景が見られ、なんとも可愛らしい。

かっては北半球にもペンギンがいた！

動物園で人気者のペンギン。実は南半球にしか生息していない。しかし以前は北半球にも仲間がいたということ知っているだろうか？名前はオオウミガラス、学名を*Pinguinus impennis*といい、ケルト系の言葉では「pen-gwyn（ペン・グィン）＝白い頭の動物」とされ、頭部の白い模様などのペンギンらしい特徴を有していた今はもういない絶滅種。19世紀半ばに絶滅したと言うから、恐竜のように太古ではなく最近絶滅してしまった種と言える。それはなぜか？北大西洋や北極海の酷寒の島や海岸、岩礁地帯に棲んでいた彼らを三つの悲劇が襲う。一つは大航海時代の大量殺戮。例えば16世紀前半、探検家ジャック・カルティエによる大量殺戮は有名で1日で1,000羽以上のオオウミガラスが殺されたと言う。彼の報告は、羽毛や脂、また蒐集家による売買目的のためにオオウミガラスをこぞって獲りにいく商人が増え

るきっかけとなった。もう一つは1830年の海底火山の大噴火。これにより生息環境である岩礁地帯が沈むなど、彼らにとっては大打撃となった。そして追い討ちをかけるように、これら二つのことでより希少性が高まった彼らが、当時大ブームとなっていた博物館や羽飾りなどオシャレ用として狙われたこと。自然災害と人間の欲とが重なり、彼らは絶滅したと言っても過言ではない。商人たちは彼らを獲りにいく際、三つの役割分担をもって彼らを捕獲したと言う。好奇心旺盛で船が岩礁に近づくとヒョコヒョコ顔を出すオオウミガラスを、一人は棍棒で思いっきり頭を叩き、一人は撲殺されたオオウミガラスを拾い上げ船に投げ、一人は船でオオウミガラスを整然と積み上げるという役割。行きは空だった船が、帰りは黒い死骸を山積みにして帰っていったと言う。人間はお金のためならかように残酷になれるようだ。

オオウミガラス

Pinguinus impennis
チドリ目ウミスズメ科
Red List Category／EX（絶滅）
EX：19世紀半ば

ケープペンギン

Spheniscus demersus
ペンギン目ペンギン科
Red List Category／EN（危機）
Date Assessed／2016-10-01
生息地／南アフリカ、アンゴラ、モザンビーク
ナミビア

フンボルトペンギン属に属しているため、そ
の羽毛の白黒の模様がフンボルトペンギン
に似ている。その名の示す通り「ケープ岬」の
ある南アフリカの固有種。上野動物園では
不忍池のワオキツネザルのバオバブの木の近
くに、たくさんのケープペンギンがいて、とて
も可愛い。

ミミセンザンコウ

Manis pentadactyla
有鱗目センザンコウ科
Red List Category／EN（危機）
Date Assessed／2013-06-26
生息地／中国、東南アジア

鱗が薬になるということで密猟が絶えない。
特に中国での需要が多く、ワシントン条約に
て取引が禁止されたことで、取引価格が逆に
上がってしまったことが災いしている。
未だに漢方薬のホームページで、この絶滅
危惧種の薬効が高らかに謳われているのを
見ると疑問しか湧かない。

スッポンモドキ

Carettochelys insculpta
カメ目スッポンモドキ科
Red List Category／EN（危機）
Date Assessed／2017-05-28
生息地／オーストラリア、インドネシア、パプアニューギニア

名前のみならず、滑らかな甲羅や顔立ちが似ているスッポンとこのスッポンモドキは、全く違うものと考えた方が良い。その一つは足。湖底を歩いたり、水陸両方で生活するようにできているスッポンに対し、ウミガメのようなオール状の足を持つスッポンモドキは水中をスイスイと泳ぎ、どちらかというと水中生活により特化されていると言える。
2000年の評価ではVU（危急）だったものが、2017年の最新の評価ではEN（危機）と1ランク状況が悪化してしまった。

アジアアロワナ

Scleropages formosus
アロワナ目アロワナ科
Red List Category／EN（危機）
Date Assessed／2011-02-20
生息地／カンボジア、インドネシア、マレーシア、ミャンマー、タイ、ベトナム

光の角度によって虹色に色を変えるこの美しく大きな魚は、ずっと人々の興味を集めてきた。観賞するために捕らえられてきたこの種は、いくつかの国で所有の制限・禁止をされているのにもかかわらず、いまだ人間の興味による搾取の目に晒され続けている。

タンチョウ

Grus japonensis
ツル目ツル科
Red List Category／EN（危機）
Date Assessed／2016-10-01
生息地／中国、日本、朝鮮半島、モンゴル
ロシア連邦

タンチョウは漢字では「丹頂」と書く。丹は赤
い色を意味し、文字通り頭頂部が赤いことが
和名の由来になっている。古くは12世紀に文
献の中に登場し、絵としても多く描かれるなど
昔から親しまれている。学名の"japonensis"
は"日本産の"を意味し、文字通り日本を代表
する鳥と言える。

マクジャク

Pavo muticus

キジ目キジ科

Red List Category／EN（危機）

Date Assessed／2016-10-01

生息地／カンボジア、中国、インドネシア、タイ、ラオス、ミャンマー、ベトナム

マクジャクはキジの仲間の中で最大の種。どおりで美しくて優雅なわけだ。しかしその大きさや美しさが災いして、食用や羽毛・ペット目的の乱獲の被害にあっている。

VU

Vulnerable ／ 危急

ジャイアントパンダ

Ailuropoda melanoleuca

食肉目クマ科
Red List Category／VU(危急)
Date Assessed／2016-04-11
生息地／中国

1972年9月に日本と中国が共同で声明を発表し国交を結んだ、いわゆる「日中国交正常化」。それを記念して中国から"ランラン"と"カンカン"という2頭のジャイアントパンダが上野動物園に同年来園した。それから45年の月日を経て、花が咲き香るような明るいイメージを持つ「シャンシャン(香香)」が2017年6月に生まれた。成熟した個体数は500〜1,000頭と言われ、現在は幸いにも増加傾向にある。上野動物園のこのジャイアントパンダが日中の平和の象徴であるように、みなさんがジャイアントパンダを通して感じる思いが、地球の安定と安寧の礎にもなると願いたい。

アメリカバク

Tapirus terrestris
奇蹄目バク科
Red List Category／VU（危急）
Date Assessed／2008-06-30
生息地／ブラジル、コロンビア
ボリビアなど南アメリカ

バクは2013年にアマゾンで発見された新種
のバク「*Tapirus kabomani*」を含めて地球
上に5種しかいない。アメリカバクは南米大
陸の山岳地帯の湿地や水辺を好んで暮らし
ている。しかしこの絶滅危惧種も、肉や皮を
目的とした狩猟の恐怖に怯え森に身を隠し
ているに違いない。

カバ

Hippopotamus amphibius
鯨偶蹄目カバ科
Red List Category／VU（危急）
Date Assessed／2016-06-16
生息地／タンザニアなど東アフリカに広く分布

カバと言えば昔から動物園で人気がある。大
きな体に大きな口、しかしつぶらな瞳によく
動く耳はとても愛嬌がある。
大きな体を日中は水の中におき、夜にエサを
求めて陸に上がる。水生植物は食べず、陸に
上がって草を食べる。動物園で水中にエサを
投げ入れるのではなく、きちんと水から上
がった場所に草や野菜・果物などを与えるの
はそのためなのだろう。

ホッキョクグマ

Ursus maritimus

食肉目クマ科
Red List Category／VU（危急）
Date Assessed／2015-08-27
生息地／北極海など

ホッキョクグマは、北極海の氷の上で暮らしている。近年減り続ける氷の大地は、彼らの生息地が溶けて無くなっているのと一緒だ。また哺乳類の中でも繁殖率が低い動物の代表格でもあり、溶け続ける生息地・ままならない繁殖ということから考えると、彼らの未来が本当に心配だ。

マレーグマ

Helarctos malayanus
食肉目クマ科
Red List Category／VU（危急）
Date Assessed／2016-02-05
生息地／マレーシアなど東南アジア

ジャイアントパンダも含めると、地球上には8種しかクマはいないが、その中でも最小を誇る。体長は100cm〜150cmで子どもぐらいの大きさだ。英名では sun bear と言い、見ているだけでどこか明るい気持ちになれる動物園の人気者。

ツキノワグマ

Ursus thibetanus
食肉目クマ科
Red List Category／VU（危急）
Date Assessed／2016-03-17
生息地／日本など東アジア

ツキノワグマは、別名アジアクロクマ、ヒマラヤグマとも言われ、胸に月もしくはV状とも言われる白い斑紋が特徴で名前の由来にもなっている。日本で人間社会との競合により狩猟の対象となって個体数を減らしているが、東アジアの国々では肝を狙った狩猟も未だ横行している。

コツメカワウソ

Aonyx cinereus
食肉目イタチ科
Red List Category／VU（危急）
Date Assessed／2014-06-01
生息地／東南アジア

人懐っこい可愛い表情や仕草がSNS映えす
ると、ペットとして大人気のコツメカワウソ
も実は絶滅危惧種。
ペットとして飼える理屈はあるのだろうが、
絶滅危惧種をペットとして飼うということ
自体いかがなものか。「私は大切に飼ってい
る」「発信することで希少動物の大切さを理
解して欲しい」というのは詭弁に過ぎないの
ではないか。その飼いたい気持ちを増長さ
せることが、この種の密猟や過剰な搾取に
つながるのだと思う。

アミメキリン

Giraffa camelopardalis reticulate
鯨偶蹄目キリン科
Red List Category／VU（危急）
Date Assessed／2016-07-09
生息地／エチオピア、ケニア、ソマリア

動物園の人気者はほとんどが絶滅危惧種。
キリンやコアラはその人気動物の中でも絶
滅危惧種ではなかったのだが、2016年にキ
リンもコアラも絶滅危惧種の仲間入りをして
しまう。1985年〜2015年の30年間で、およ
そ40%弱の個体数が生息地の消失だけでな
い複数の原因で減ってしまった。

バーバリーシープ

Ammotragus lervia

鯨偶蹄目ウシ科
Red List Category／VU(危急)
Date Assessed／2008-06-30
生息地／アルジェリア、チャド、エジプト
リビア、マリ、モーリタニア、モロッコ
ニジェール、スーダン、チュニジア

この種は、アフリカの山岳地帯に生息して
いる。それも乾燥した岩場の険しい場所に。
山岳地帯の高山に自生する多肉植物などを
好んで食べ、そこから水分を補給するため、
数年という長い期間水を飲まなくても生き
られるとも言われている。

ハートマンヤマシマウマ

Equus zebra ssp. hartmannae
奇蹄目ウマ科
Red List Category／VU（危急）
Date Assessed／2008-06-30
生息地／アンゴラ、ナミビアなど

ハートマンヤマシマウマは、動物園でよく見
かける〝サバンナシマウマ〟と違いヤマシマ
ウマに属す種で、草原に生息するサバンナ
シマウマと違って、乾燥した山岳地帯に生
息している。
またサバンナシマウマと比べて縞模様が細
いのが特徴的で比べてみるとよくわかる。
シマウマも種によって縞模様の太さやイ
メージが違う。それは「なぜ?」と思いながら
見てみると、この動物がどんなところに棲
み、どんな行動をしているのかというのが見
えてくるかもしれない。

ハイイロジェントルキツネザル

Hapalemur griseus
霊長目キツネザル科
Red List Category／VU（危急）
Date Assessed／2012-07-11
生息地／マダガスカル

竹を食べる動物と言えばジャイアントパン
ダが有名だが、ハイイロジェントルキツネザ
ルも竹の芽や葉を主食としている。

クロキツネザル

Eulemur macaco
霊長目キツネザル科
Red List Catgory／VU（危急）
Date Assessed／2012-07-11
生息地／マダガスカル

茶色い方がメスで、黒い方がオス。いつもオ
スがメスを抱えるようにしており、仲の良さ
が印象的。フルーツが大好きで、花や、若い
葉や種子、樹皮やキノコなどを好んで食べ
る。要するに林や森が彼らのエサ場というこ
とであり、その環境の減少が彼らの生命を
脅かしていることに他ならない。

フォッサ

Cryptoprocta ferox
食肉目マダガスカルマングース科
Red List Category／VU（危急）
Date Assessed／2015-02-21
生息地／マダガスカル

恐竜が絶滅したことで知られる白亜紀に、大陸から分裂したマダガスカル島には、大陸での進化とは別の島独自の進化が見られる。このフォッサはマダガスカル島において最大の肉食動物でジャコウネコの仲間。ネコのようなイヌのような独特な風貌はマダガスカル島で独自の進化をした所以かなと考えると、とても興味深く感じられる。

スラウェシメガネザル

Tarsius tarsier

霊長目メガネザル科
Red List Category／VU（危急）
Date Assessed／2008-06-30
生息地／スラウェシ島（インドネシア）

自分の脳と同じぐらいの大きな目を持つス
ラウェシメガネザル。しかしこの目はほとん
ど動かすことができないそう。ゆえにもの
を見る時は顔全体を動かして対象を見つ
めるため、その動作自体が可愛らしく感じ
られる。

スンダスローロリス

Nycticebus coucang
霊長目ロリス科
Red List Category／VU(危急)
Date Assessed／2008-06-30
生息地／インドネシア、マレーシア、シンガポール、タイ

レッサースローロリス

Nycticebus pygmaeus
霊長目ロリス科
Red List Category／VU(危急)
Date Assessed／2008-06-30
生息地／カンボジア、ラオス、ベトナム

スローロリスは東南アジアに生息する夜行性のサルの一種で、大きな目とゆっくりとした動きが特徴的で可愛らしい。しかしその可愛さが災いして、ペット需要のために密猟者の標的となり個体数を減らしている。スローロリスは全種ワシントン条約に記載され、全て商業目的での販売が禁止されている。にもかかわらず東南アジア全域で売られていることが問題なのだ。それにも増して、買う人間がいるということが根本の問題だと私には思えてならない。

マレーガビアル

Tomistoma schlegelii
ワニ目クロコダイル科
Red List Category／VU（危急）
Date Assessed／2011-12-30
生息地／ブルネイダルサラーム、インドネシア
マレーシア

マレーガビアルの特徴はその細長い吻（フ
ン：口のこと）。この吻を横に振って魚を捕
る。ワニの種は、ガビアル、クロコダイル、ア
リゲーターと3科に分類され、大きさもさる
ことながらその吻のカタチもだいぶ違う。注
意深く見て比較してみて欲しい。
ちなみにこのマレーガビアルの個体数は1
万頭に満たないと報告されている。

ニシアフリカコガタワニ

Osteolaemus tetraspis
ワニ目クロコダイル科
Red List Category／VU（危急）
Date Assessed／1996-08-01
生息地／アンゴラ、ベナン、ブルキナファソ
カメルーン、中央アフリカ、コンゴ
コートジボワール、ガボン、ガンビア、ガーナ
ギニア、ギニアビサウ、リベリア、ナイジェリア
セネガル、シエラレオネ、トーゴ

全長1.5m〜2mの小型のワニ。夜行性のた
め動物園ではじっとしていることが多い。こ
のワニの評価が発表されたのは1996年。既
に20年以上たっている。20世紀末から現在
にかけて紛争、干ばつ、森林破壊などが横
行しているアフリカのことを考えると、この
小さなワニは見つからないようにじっと影を
潜めているのかもしれない。

キアシガメ

Geochelone denticulate

カメ目リクガメ科
Red List Category／VU（危急）
Date Assessed／1996-08-01
生息地／ボリビア、ブラジル、エクアドルなど
中央アメリカと南アメリカの国々

南米の常緑樹や落葉樹からなる多雨林に
生息している大きなリクガメ。この種の評
価が発表されたのは1996年。今から20年
以上も前。この20年で変貌した南米の森
林のことを考えると、いまこの種の状況が
どうなっているかとても心配だ。

ガラパゴスゾウガメ

Geochelone nigra
カメ目リクガメ科
Red List Category／
Date Assessed／
生息地／ガラパゴス諸島（エクアドル）

最大級の大きさを誇るリクガメの一種ガラ
パゴスゾウガメは、ガラパゴス諸島に生息し
ている。島ごとに姿形が少しずつ違い、違う
名前で呼ばれることもあるが、それらを総
称してガラパゴスゾウガメ（*Geochelone
nigra*）と呼ぶ。
ガラパゴスゾウガメ自体、VU（危急）種から
EX（絶滅）種まで多くの種があるが、上野
動物園のガラパゴスゾウガメは、何らかの
理由で外部より持ち込まれ保護した個体
のため、この写真集では一番低いVU（危
急）の中で紹介している。

ドードーたちと遊びたい

ドードーはルイス・キャロルの『不思議の国のアリス』に登場したことで、世界中にその存在が知られることに。ルイス・キャロル（1832-1898）が生きた時代はドードーが絶滅した17世紀よりもずっと後だが、彼が博物館でその大きな鳥を見たこと、その鳥が "のろまで、馬鹿で、醜い" と言われていたこと、そして自身が軽い吃音であったことから本名（Charles Dodgson）を言う際「ド、ド、ドジソン」と言ってしまうことなど、不甲斐ない自分をドードーのイメージに重ねていた……と言われている。

ドードーはまさに大航海時代の犠牲者と言っても過言ではない。航海の旅を続ける中で、航海士たちはどうしても休息や、食糧や水の補給をするための中継地が必要となってくる。彼らが生息していたモーリシャス島やレユニオン島はアフリカ大陸の沖、インド洋に浮かぶ島。マダガスカル島から東へ約900キロのところにあり、大航海時代初期に発見され寄港地として利用され開発されていった。

16世紀末に発見されたドードーは、人間にとってはカラダが大きくて肉が詰まった美味しそうな鳥に見え、長い航海における貴重なタンパク源となった。一方ドードーから見れば今まで見たことの無い人間たちに「なんだ？」と興味津々。人間を怖がらないドードーは逃げることもなかったそうで、それは人間たちにとっては好都合。思いっきり棍棒を振ることができたと言う。アメリカのスラングで "dodo" と言えば、"まぬけ・のろま" といった意味があるそうだが、1メートルもあり人間を怖がらない鳥に対して、子どもならきっと手を差し伸べて遊ぶこともできたのになと思う。

ドードー

Raphus cucullatus
ハト目ドードー科
Red List Category／EX（絶滅）
EX：17世紀後半

ハシビロコウ

Balaeniceps rex
ペリカン目ハシビロコウ科
Red List Category／VU（危急）
Date Assessed／2018-08-13
生息地／中央アフリカ共和国、コンゴ
ルワンダ、南スーダン、スーダン、タンザニア
ウガンダ、ザンビア

ハシビロコウは動かない。夜行性であること
と、警戒心の強い魚にバレないためにジッ
と身構えているのだそう。しかし体長は
140cm、翼を広げると2mを優に超えるた
め、いざ広げて動いた時には迫力がある。そ
れからハシビロコウはあまり鳴かないこと
で知られている。その代わりクラッタリング
と言ってくちばしを早く開閉させぶつけ合う
ことで打楽器を打つような音を出す行為を
する。主にディスプレイ（誇示行動）の一種
のようなのだが。
しかし、動かない、鳴かない、クラッタリン
グ・・・。なかなか興味深い鳥である。

ボウシゲラ

Mulleripicus pulverulentus

キツツキ目キツツキ科
Red List Category／VU（危急）
Date Assessed／2016-10-01
生息地／東南アジア

世界最大級のキツツキで、大きさは50cm前後。アジアの森に暮らし、木の中にいる昆虫などを穴をあけて捕食する。キツツキの特徴と言えば「木をくちばしでつつく」こと。理由は巣を作ったり、エサを捕食するためだけでなく、ドラミングと呼ばれる仲間とのコミュニケーションのためにしているのである。

ヘビクイワシ

Sagittarius serpentarius
タカ目ヘビクイワシ科
Red List Category／VU（危急）
Date Assessed／2016-10-01
生息地／アフリカ中部以南

アフリカのサバンナに棲むこの鳥の名前は、
長い足でヘビを蹴りつけて弱らせてから食
べるところから来ていると言われている。し
かしその恐さとはほど遠い美しさを備えて
いる。シャープな顔立ちをオレンジのアイ
シャドウで化粧をし、スラリと伸びた長い
足、髪飾りのような冠羽は、どこかスーパー
モデルのような佇まいを醸している。

ルリカケス

Garrulus lidthi

スズメ目カラス科
Red List Category／VU（危急）
Date Assessed／2016-10-01
生息地／日本

日本の奄美大島をはじめとした奄美諸島の
固有種。ハブ退治の目的で導入された外来
種のマングースに卵を捕食され、個体数を
減少させている。

パラワンコクジャク

Polyplectron napoleonis

キジ目キジ科
Red List Category／VU(危急)
Date Assessed／2018-08-09
生息地／フィリピン

この鳥が生息するフィリピンのパラワン島は、フィリピン最後の秘境と言われ、プエルト・プリンセサ地底河川国立公園とトゥバタハ岩礁海中公園という2つの世界遺産を持つ美しい島。しかしその秘境も鉱山開発など経済発展の渦中に。この鳥にとっては棲みにくい島に変わりつつあるようだ。

ハゲガオホウカンチョウ

Crax fasciolata

キジ目ホウカンチョウ科
Red List Category／VU（危急）
Date Assessed／2016-10-01
生息地／アルゼンチン、ボリビア、ブラジル、
パラグアイなど

オスは漆黒の羽毛に包まれる一方、メスは
まだら模様なので、動物園でも容易に見分
けがつく。特徴的なのは頭頂部のクルンク
ルンとカールした羽毛。とても誇らしげで
カッコいい。

オグロヅル

Grus nigricollis
ツル目ツル科
Red List Category／VU（危急）
Date Assessed／2016-10-01
生息地／ブータン、インド、中国

オグロヅルは2,600m〜4,900mという高地に生息し、湖沼や湿原などを好む。しかし周囲の耕作地での農薬の使用などにより、湖沼や湿原の環境が劣化。結果彼らの生息環境が脅かされているというのが現状である。

ホオカザリヅル

Bugeranus carunculatus
ツル目ツル科
Red List Category／VU（危急）
Date Assessed／2018-08-10
生息地／アンゴラ、ボツワナ、コンゴ
エチオピア、マラウイ、モザンビーク、ナミビア
南アフリカ、タンザニア、ザンビア、ジンバブエ

ホオカザリヅルはアフリカに生息するツル。
くちばしの根元から頬にかけて羽毛が無く
赤い皮膚がそのまま見え、また肉が垂れ下
がっていることからホオカザリヅルと言うの
だろう。

オオワシ

Haliaeetus pelagicus

タカ目タカ科

Red List Category／VU（危急）

Date Assessed／2016-10-01

生息地／ロシア極東、日本、朝鮮半島、中国東北部

ロシアで繁殖し、カムチャッカ半島や朝鮮半島、日本などで越冬する。日本では国指定の天然記念物に指定されており、知床、風蓮湖、野付湾、厚岸湖、釧路湿原、濤沸湖、クッチャロ湖は国指定鳥獣保護区になっている。

ハゲトキ

Geronticus calvus

ペリカン目トキ科
Red List Category／VU（危急）
Date Assessed／2016-10-01
生息地／南アフリカ、レソト、スワジランド

個体数は3,300羽〜4,000羽と言われ、赤
いくちばしと、毛が無く地肌が剥き出しに
なっている赤い頭が特徴的だ。

半分シマウマ

南アフリカ周辺に生息していたクアッガは、他の草食動物同様、古くから原住民には狩猟対象であり、肉食動物からは捕食対象であった。しかし彼らの運命は大航海時代の訪れとともに大きく変わる。1488年に、ポルトガル人のバルトロメウ・ディアスがアフリカ大陸南端の喜望峰に到達し、その後バスコ・ダ・ガマが有名な喜望峰ルートを確立。そして17世紀になるとオランダ人が南アフリカに入植し開拓。その中でクアッガの半分しか縞のない毛皮が珍重されたのと、娯楽の一環として狩られることに。毛皮を採ったあとの肉は当時使役していた原住民たちの食糧になったと言う。「珍しい毛皮」。現代でも聞くことがままあるこのフレーズ。人間の欲望が彼らを無慈悲に減らしていったのであろう。そして1883年8月12日、オランダのアムステルダム動物園で飼育されていた最後の一頭が死亡したことによってクアッガはこの地球から絶滅したことになっている……。「したことになっている」なんとも紛らわしい言い方をしたのには訳がある。クアッガは19世紀末に絶滅したということもあり、この右下の写真のように標本が残っている。現在の科学の力でDNA解析をして、サバンナシマウマ（*Equus Quagga*）の亜種であることが解明され、サバンナシマウマの中からDNAの近い個体を人為選択により選び繁殖を試み、クアッガを復活させようという「クアッガプロジェクト」なるものがある。既に近い個体も誕生しているそう。一度絶滅した種を甦らせる。これは人間がして良いことなのであろうか？ちょっと人智を超えた所業のように感じてならない。絶滅したことを一つの教えとして、これからのことを考えた方が良いような気がする。

© London, Regent's Park ZOO

クアッガ

Equus quagga quagga

奇蹄目ウマ科

Red List Category／EX（絶滅）

EX：1883

地球のいのちに出会う森
東山動植物園

今にも消えそうな生命を
みんなで守ろう。

めずらしい動物を見て、楽しんでもらう施設から、

世界的な稀少な動物を保護し、種を保存する施設へ。

自然の尊さ、いのちの大切さ、人類の責任を伝えていく施設へ。

その想いを未来へと繋げていかなくてはいけないと考えています。

楽しく、深く、いのちを学ぶ。みんなの力を合わせ、動物たちのいのちを守る。

《ひとりひとりに出来ること。》《みんなで出来ること。》のはじめの一歩。

HIGASHIYAMA INOCHI NO MORI プロジェクト（仮）まもなく始まります。

［東山動植物園ブランド戦略パートナー］伊藤忠ファッションシステム（株）　（株）新東通信　日本プロパティマネジメント（株）

思い出の場所。動物園

動物園の思い出は？と聞いた時、お爺ちゃんお婆ちゃんから、小さなお子さんまで何かしら思い出がある場所。
それが動物園。
上野動物園の開園は日本で一番早い1882年。
140年近く子どもたちを楽しませてきた。
そんな施設が他にあるだろうか？
親子やカップル、子どもからお年を召した方々全てを
楽しませ、癒し、温かい気持ちになって帰ってもらえる場所。
それが動物園だと思う。
この役割はこれからも変わらない。
しかし、動物園にいる動物たちの多くが絶滅の危機にある
状態の今、動物園の役割も、動物たちの保護や種の保全を
第一に考えた施設へと変わっていくのではないか。いや、もう変わっているものの私たちが知らないだけかもしれない。
だからこそ、これからは動物のコンディションによっては「今日の展示は中止です」といったこともあるはず。でもそれを当然と受け止める私たちでありたいと思う。
24時間365日、動物たちと対峙する飼育員さんや動物園の方々の努力を私たちは垣間みることはできない。でも家族のように接している彼らが〝今日は控えた方がいい〟と考えたならば、それを理解できる来場者でありたいと思う。
未来の子どもたちにも同じように、動物園が素敵な思い出の場所になるように。私たちは動物園の動物たちの聞こえない声や、飼育員さんたちの見えない努力があることを知っておきたいと思う。
これからも、みんなの思い出の場所。動物園。

絶滅動物園プロジェクトとは

絶滅動物園プロジェクトは、『絶滅動物園』を一つのキーワードとして、写真、文章、造形、映像など、さまざまなクリエイティブ作品としてみなさんにご覧いただくというプロジェクトです。しかし、最終的な目標はあります。それはみなさんが楽しみ学ぶことができる動物園を作ること。リアルな動物園に対しての「もう一つの動物園＝Alternative ZOO」。

その動物園とは

①15世紀末に始まった大航海時代以降に
②絶滅した動物（EX）と絶滅の危機に瀕している動物たち（EW、CR、EN、VU）を
③最新のテクノロジー（8K、4K、CG、VR、MR、AR等など）で再現し
④それらの動物たちとコミュニケーションもできる

動物園です。

要するに最新のITやCG技術を用いて作られたリアルな動物たちが、獣舎という名のディスプレイの中で生活する動物園。そしてこの『絶滅動物園』では、当然動物たちの死にも直面しますが、逆に赤ちゃんが誕生する喜びも来場者と分かち合います。死もあり生もあるが、〈決して絶滅はしない〉動物園。それが私たち『絶滅動物園プロジェクト』の最終目的。この動物園はプログラム管理されますので、アウトプットの言語環境を変えれば、この日本はもとより、英語圏・スペイン語圏・中国語圏な

ど、さまざまな国で展示することができ、世界中の親子が学び楽しむことができる動物園と言えます。展示の夢は広がります。エピオルニス（EX）やステラーカイギュウ（EX）など、絶滅してしまった巨大動物を甦らせることができます。ニシゴリラ（CR）とマウンテンゴリラ（CR：ヒガシゴリラ）、チンパンジー（EN）とボノボ（EN：ピグミーチンパンジー）など、近い存在でありながら決して一緒に展示されることのない動物たちを比較展示することも可能です。それから、一番大きな動物と言われるシロナガスクジラ（EN）の展示も可能です。圧倒的な大きさとスピードに来場者はビックリするはずです。また、地球上にあと2頭となったキタシロサイ（CR）など、自然界で見ることが困難であり〝絶滅に直面する動物〟をライブ映像や定点映像で見ることで、種に対する興味を高めることができます。現在、リアルな動物園は地球規模で連携し考えなくてはならない「種の保全」「種の保護」という使命を担う施設になっています。私たちは24時間365日、動物たちに向き合う彼らを誇りに思いつつ、「展示」というエデュテイメント（education ＋ entertainmentの造語）の側面を、この『絶滅動物園』で補完できないかと考えています。これからの地球のこと、自然のこと、動物たちのこと、そして私たち人間のことを考えることができる『絶滅動物園』作りに、みなさまぜひご協力ください。

CREDIT

■制作協力

国際自然保護連合（IUCN）日本委員
www.iucn.jp

公益財団法人 東京動物園協会
www.tokyo-zoo.net/zoo/ueno

■ご支援をいただいたみなさま

kito、Machi Itoh、yoshiko sano、大隅康子、南澤香織、
黒江美穂、IRIWA、佐竹新市、小林優太、加藤喜延・美緒・
湧翔、今木羽純・七海・佳矢乃、黒須久美子、Shun Fukai、
木村一樹、赤澤嘉信・あかね・誠友理・ゆりか・さゆり、
名倉智雄、尾野田紘基、東海林隆志、
MITTS COFFEE STAND、ブラザー工業(株)、(株)新東通信、
日本プロパティマネジメント(株)（敬称略）

ご支援いただきましたみなさま。またこの他応援いただき
ましたみなさま。ありがとうございました。

■制作

制作：絶滅動物園プロジェクト（澤田明理、佐々木シュウジ）
企画・文：佐々木シュウジ（絶滅動物園プロジェクト）
撮影：武健健二（LUCKIIS）
デザイン：加藤雅尚（MIKATA）
イラスト（絶滅動物）：佳矢乃
発行：三恵社

■参考にした文献・ホームページ

IUCN レッドリスト 世界の絶滅危惧生物図鑑／丸善出版
絶滅危惧動物百科1／朝倉書店
動物世界遺産 レッドデータアニマルズ〈1〉ユーラシア、北アメリカ／講談社
動物世界遺産 レッドデータアニマルズ〈2〉アマゾン／講談社
動物世界遺産 レッドデータアニマルズ〈3〉中央・南アメリカ／講談社
動物世界遺産 レッドデータアニマルズ〈4〉インド、インドシナ／講談社
動物世界遺産 レッドデータアニマルズ〈5〉東南アジアの島々／講談社
動物世界遺産 レッドデータアニマルズ〈6〉アフリカ／講談社
動物世界遺産 レッドデータアニマルズ〈7〉オーストラリア、ニューギニア／講談社
動物世界遺産 レッドデータアニマルズ〈8〉太平洋、インド洋／講談社
動物世界遺産 レッドデータアニマルズ動物世界遺産〈別巻〉絶滅動物一覧、レッドリスト／講談社
レッドデータブック2014 1 哺乳類／ぎょうせい
レッドデータブック2014 2 鳥類／ぎょうせい
レッドデータブック2014 3 爬虫類・両生類／ぎょうせい
レッドデータブック2014 4 汽水・淡水魚類／ぎょうせい
地上から消えた動物／早川書房
動物園の文化史 ひとと動物の5000年／勉誠出版
絶滅野生動物の事典／東京堂出版
動物の箱船／日経ナショナル ジオグラフィック社
ナショナルジオグラフィック／日経ナショナル ジオグラフィック社
THE SIXTH EXTINCTION 6度目の大絶滅／NHK出版
絶滅危機動物図鑑　消えゆく野生動物たち／ランダムハウス講談社
生物多様性・自然資本経営／日経BP社
生物多様性と地球の未来／朝倉書店
サステイニング・ライフ／東海大学出版部

IUCN レッドリスト https://www.iucnredlist.org/
環境省レッドリスト https://ikilog.biodic.go.jp/Rdb/env
Wikipedia https://ja.wikipedia.org/ https://en.wikipedia.org/
WWFジャパン https://www.wwf.or.jp/
大型類人猿ネットワーク https://shigen.nig.ac.jp/gain/index.jsp
環境省 奄美野生生物保護センター http://amami-wcc.net/
国立研究開発法人国立環境研究所 https://www.nies.go.jp/index.html
Sustainable Japan https://sustainablejapan.jp/
にじゅうまるプロジェクト http://bd20.jp/
認定NPO法人ボルネオ保全トラスト・ジャパン http://www.bctj.jp/
絶滅動物園×Brother Earth https://www.brotherearth.com/ja/zoo/

おわりに

2016年に最初の写真集を作ってから、カフェや動物園、書店や学校・企業、またカルチャースクールなどのミニイベントでお話しさせていただく機会が増えました。その度に、動物たちにとっての不安定な未来のことをお話しします。そしてその状況を作っているのが人間で、それを解消することができるのも人間であるとお話ししています。

しかし一方で私自身が抱えているネガティブな感情もあります。それは「状況は決して良くならないんじゃないか」という思いです。

なぜなら、私が小学生だった40年前は地球上の人口は45億人と教わりました。そして2019年現在76億人。2050年には92億人と言われています。地球という器は変わらないのに、人間ばかり増えてしまえば、人がいないところに人間が侵食し、自然を壊し形を変えていくことは自明の理。そんな状況でどうやって自然を守り、動物たちを守っていくことができるのでしょうか?

このままの状況が続けば「絶滅危惧種を守れ!」なんて、その議論にも値しないと思ってしまうのです。

でもそれでいいんですか?

人間はこの地球にツバしたままでいいんですか?

人間ってそんなに愚かなんですか?

それを良しとするのなら、それはあまりにも悲しい。

人間が壊した自然。人間が殺す動物たち。

そしてそれは人間自身にも降り掛かってくることのはず。

どうすれば解決できるのでしょうか?

絶滅危惧種の保護プロジェクトに寄付をする?

実際、環境悪化が進む現場に行って活動する?

ではありません。

私たちがライフスタイル、人生に対する価値観を変えることこそが重要です。

それは、産業革命以降、私たちを支えていた、あれが欲しい、これが欲しいという物欲。それを満たすためのとりとめのないお金に対する執着。そして広い家、高価なものという虚栄心からの脱却です。

あれもこれも欲しいですか?良いものをずっと使い続けるって美しくないですか?

お金を持っているというステイタスより、より充実した毎日を送っているという自負の方がカッコ良くないですか?

充実した毎日ってなんでしょう?会社から評価されることですか?それよりも、家族の誰もが満たされて笑顔に溢れた毎日の方が幸せではあ

りませんか？

要するにモノから精神的な充足を求める時代への転換が求められているのだと思うのです。

モノや金にしばられず、持続可能な社会や生活の中でおくられるライフスタイルこそが「カッコいい」スタンダードにならなくてはいけないのです。

それからもう一つ大切なのが〝自分のすること一つ一つがこの地球に影響する〟という「想像力」です。

例をあげれば

このポテトチップスは食べていいものなの？

この服は着ていいものなの？

この商品は買っていいものなの？

これはすべきこと？

ということです。

そのポテトチップスは、東南アジアのジャングルを切り刻むパームヤシをもとにした植物油が使われていない？

この商品は化石燃料や、児童労働の犠牲の上で作られていない？

それは小さい頃からさまざまな「なぜ？」を紐解いていく経験がないと難しいのかもしれない。

わたし自身この『絶滅動物園プロジェクト』をするにあたって、動物を救うファンドに寄付をしましょう！とか、ゾウを救うための具体的なアクションをしましょう！と言うつもりはありません。

とにかくこのままいくと、この地球は全ての生物にとって生きにくいものになり、いかに高価なものを食べ、高価なものを身につけていようが、それさえも嘲笑の対象にされる時代になるであろうことは容易に想像できます。だからこそ、これから何かを選ぶ際に、地球にとって優しい選択ができるような人であって欲しい。そのために世界や地球に目を向けて自分の行動を考えられる人になって欲しいと願うのです。

だからこそ子どもたちの「なぜ？」は大切にして欲しい。これからを生きるのは彼らであり、大人の私たちではないのですから。

佐々木シュウジ

上野
U E N O

絶滅
THE ZOO OF EXTINCT ANIMALS
動物園

2019年4月21日
初版発行

定価／1800円＋税
著作／佐々木シュウジ、武藤健二
絶滅動物園
461-0005 名古屋市東区東桜1-2-26
マツイビル3F
E-mail／sasakix360@me.com

発行／株式会社 三恵社
発売／462-0056
愛知県名古屋市北区中丸町2-24-1
TEL 052-915-5211
FAX 052-915-5019
http://www.sankeisha.com/

■制作協力

国際自然保護連合（IUCN）日本委員
公益財団法人 東京動物園協会